RECHERCHES SUR LE DÉGRÉ DU MÉRIDIEN ENTRE PARIS ET AMIENS

et sur la jonction de l'Observatoire Royal de Gréenwich à celui de Paris;

par Mr. *Klostermann*,

Correspondant de la Societé Royale des Sciences de Göttingen, Inspecteur du Corps des Pages à St. Pétersbourg.

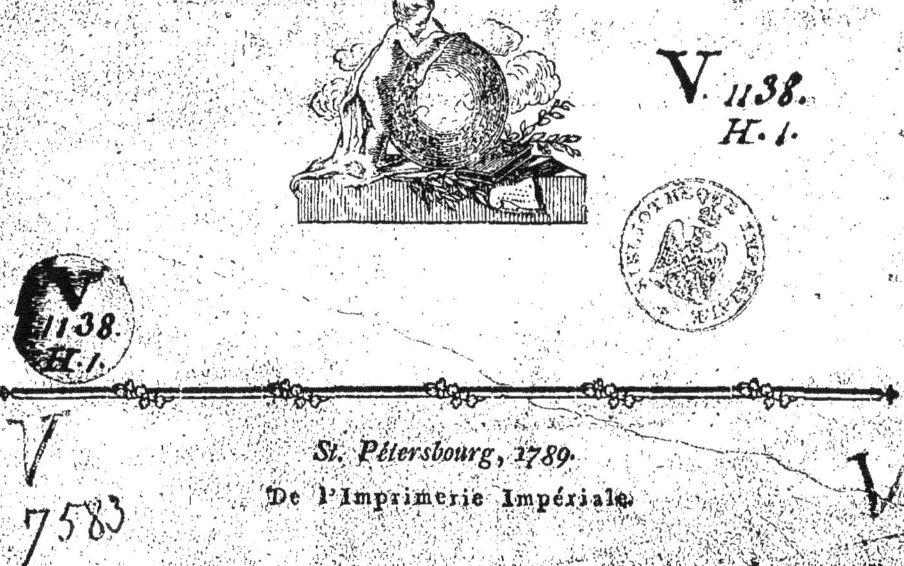

St. Pétersbourg, 1789.

De l'Imprimerie Impériale.

Quelques circonstances ne permettent pas qu'on faſſe imprimer à préſent les recherches ſur les cauſes de l'anomalie dans les dégrés des Méridiens dont les nouvelles litteraires publiées ſous la direction de la Societé Royale des Sciences de Göttingen en 1785 No. 117, 1786 Nr. 145. et 1789 Nr. 3. font une ample mention; mais comme il est question de joindre l'Obſervatoire de Gréenwich à celui de Paris *en conſéquence des répréſentations faites par feu Mr. Caſſini de Thury, on a bien voulu publier cette partie des recherches mentionnées qui ont pour objet le dégré de* Paris: *on y trouve l'examen des opérations faites par Mr. Caſſini de Thury et de la Caille entre Paris et Amiens. Ces opérations ſont partie de celles faites entre* Paris *et Calais, qui doivent ſervir pour joindre les deux Obſervatoires.*

§. 1.

Picard mesura le prémier d'une manière géométrique le dégré du Méridien aux environs de Paris et détermina sa longueur de 57060 toises; [1]) Mrs. de Maupertuis, Clairaut, Camus, le Monnier ayant pris pour exacte la partie géodésique de Picard corrigerent les observations astronomiques par rapport aux découvertes faites dans l'Astronomie dépuis la mort de Picard et déterminerent sa longueur de 57183 toises; [2]) quelque tems après Mrs. Cassini de Thury et de la Caille ayant trouvé, que Picard s'étoit servi d'une toise trop petite, l'accuserent encore de quelques autres erreurs mais sans les prouver et ils déterminerent la longueur du même dégré de 57074 toises [3]).

Le célèbre Euler en faisant des recherches sur les erreurs qui pouvoient avoir été commises dans les mesures des dégrés du Méridien, dans la supposition que la figure de la Terre soit un sphéroide elliptique, trouva qu'en prenant la longueur de quatre dégrés, savoir de celui du Perou, de celui du Cap, de celui de Paris et de celui de Laponie, il falloit absolument reconnoître des erreurs dans ces mesures et la plus grande dans celle du dégré de Paris [4]).

§. 2.

Mrs. Cassini de Thury et de la Caille, qui avoient tant accusé Picard de s'être trompé, ne pouvoient pas digérer qu'on les en accusat de même: ayant acquis la réputation de géometres très-habiles et très-exercés, ils étoient obligés de défendre leurs opérations faites pour déterminer le dégré de Paris: car l'honneur d'avoir vérifié la Méridienne du Royaume leur tenoit trop à coeur pour y renoncer sur la simple assertion, que la Terre devoit ressembler à l'ellipse de Neuton; en conséquence Mr. de la Caille fit inserer dans l'Histoire de l'Académie Royale des Sciences de Paris de 1755 un mémoire écrit avec beaucoup de chaleur contre Mr. Euler, où il avance:

„*qu'il n'y a pas de distance terrestre plus exactement déterminée que celle de Paris*
„*à Amiens et qu'il ne doit pas y avoir dix toises d'erreur;* [5])

en outre il en ecrivit un plus fort à l'Académie Royale des Sciences de Berlin, où il dit:

„*Il me paroît donc que tout lecteur éclairé, qui examinera sans préjugé l'histoire* „*de nos opérations en France, ne croira pas devoir s'en rapporter pour estimer le* „*dégré de leur précision à quelques traits hazardés dans trois ou quatre livres par* „*intérêt ou par précipitation, jusqu'à ce que les auteurs de ces décisions ayent dit,* „*en quoi nos opérations pêchent, et nous les en défions avec d'autant plus de con-*„*fiance, que leurs objections, si elles ont quelque apparence de fondement, peuvent* „*être discutées par des vérifications actuelles faites sur les lieux par eux-mêmes ou* „*en leur présence, sans qu'il soit nécessaire d'aller se transporter aux extrémités du* „*du monde et afin qu'ils sachent jusqu'à quel point je soutiens de mon côté, que* „*notre mesure terrestre de la distance de Paris à Amiens est exacte, je déclare, que,*

„*si*

1) Mesure de la Terre par Mr. Picard. Memoires de l'Academie.

2) Dégré du Méridien entre Paris et Amiens détermine par les observations de Mrs. Maupertuis, Clairaut, Camus, le Monnier. Paris 1740.

3) La Méridienne verifiée par Mr. Cassini de Thury 1744 à la suite de l'Histoire de l'Academie. (J. Cassini a determiné le degré entre les paralleles de Paris et de Dunkerque de 56960 toises. Voyez *De la Grandeur et Figure de la Terre.*)

4) Histoire de l'Académie de Berlin Tom. IX.

5) Histoire de l'Académie de 1755 sur la précision des mesures &c. par Mr. de la Caille.

des opérations faites par Mrs. Caſſini de Thury et l'Abbé de la Caille et préſenta au *Roi* la rapport de ſes opérations et de ſon examen. *) Le mémoire qui contient la deſcription de ces opérations ſe trouve ausſi dans l'histoire de l'Académie de 1754 et porte le titre ſuivant:

Opérations faites par ordre de l'Académie pour meſurer l'intervalle entre les centres des pyramides de Villejuive et de Juviſy, en conclure la diſtance de la Tour de Montlhery au clocher de Brie-Comte-Robert et *diſtinguer entre les différentes déterminations*, que nous avons *du degré du Méridien aux environs de Paris celle qui doit être préférée.*

§. 5.

On n'a envoyé que trois Académiciens au Perou pour déterminer la longueur du dégré près de l'Equateur, quatre ont été en Lapponie et Mr. de la Caille ſeul a déterminé la longueur du dégré au Cap de bonne eſpérance; mais quand il s'agit de décider de la longueur du dégré de Paris déterminée différemment par Picard que par Mrs. Caſſini de Thury et de la Caille, le nombre de ſix Académiciens paroît inſuffiſant: on y admet encore ces deux Meſſieurs, adverſaires de Picard, pour qu'ils ſoient juge et parti dans leur propre cauſe tandis que celle de Picard est ſans défenſeur.

C'est ſubrepticement et par des rapports inexacts que l'ordre: *de diſtinguer entre les différentes déterminations du dégré au moyen de la ſeule diſtance de Montlhery à Brie*, a été obtenu: l'on n'a qu'à ouvrir la meſure de la Terre par Picard et la Méridienne vérifiée par Mr. Caſſini de Thury ou le mémoire de ce dernier dans l'Histoire de l'Académie de 1740, qui a pour titre: de la Méridienne de Paris prolongée vers le Nord et l'on verra que Picard a pris pour objets le pavillon de Malvoiſine, le coin du pavillon de Juviſy, le moulin de Villejuive, le tertre de Mareuil, l'arbre de Boulogne; que ſes adverſaires au contraire ont pris pour objets la cheminée méridionale de Malvoiſine, le ſignal de Juviſy, la pyramide de Villejuive, St. Martin; les deux meſures ont par conſéquent des triangles différens; comment donc décider au moyen de la ſeule ligne Montlhery Brie, laquelle de ces deux chaines, dont l'une est formée par des triangles différens de ceux dont l'autre l'est, ſoit la plus exacte? C'est pourtant une telle déciſion que l'ordre dicté dans le titre du mémoire exige.

Si l'on a trouvé la distance de Montlhery à Brie de 13108 toiſes et quelques pouces aſſez d'accord avec la Méridienne vérifiée, laquelle distance a été déterminée par Picard de 13121½ toiſes, il en faut tirer la juste concluſion, que Picard s'est ſervi d'une toiſe trop petite, que par conſéquent la longueur du dégré rectifiée par Mrs. de l'expedition du Nord et miſe à 57183 toiſes, doit être diminuée de 56, ou ſelon Mr. le Monnier ſeulement de 42 toiſes; mais il n'en faut pas conclure que toute la meſure de Picard est fautive et que celle de ſes adverſaires est exacte.

Qu'on faſſe une comparaiſon entre les opérations de la Commiſſion et celles décrites dans la Méridienne vériſiée:

Triangles de la Commiſſion.				*Triangels de la Méridienne vérifiée.* pag. 38.			
A				a			
Pyramide de Villejuive	87°	52′	17″	Pyramide de Villejuive	87°	48′	50″
Pyramide de Juviſy	30	39	39	Signal de Juviſy	30	32	9
Moulin de Fontenai	61	28	4	Moulin de Fontenai	61	39	1

Triangles

*) Journal des Savans de 1756.

Triangles de la Commission.				*Triangles de la Méridienne vérifiée.* pag. 38.			
B				b			
Pyramide de Juvisy .	100°	43′	33″	Signal de Juvisy . .	100°	41′	29″
Moulin de Fontenai . .	34	29	5	Moulin de Fontenai .	34	18	37
Montlhery . . .	44	47	22	Montlhery . . .	44	59	54
C				c			
Moulin de Fontenai .	66°	17′	47″	Moulin de Fontenai .	66°	17′	40″
Montlhery . . .	74	23	41	Montlhery	74	23	36
Brie-Comte-Robert .	39	18	32	Brie-Comte-Robert . .	39	18	44

et qu'on cherche l'angle Villejuive Fontenai Montlhery par l'addition des deux angles Villejuive Fontenay Juvisy et Juvisy Fontenai Montlhery; on le trouve par les triangles de la Commission . . . . . . 61° 28′ 4″ + lit. A.
34 29 5 .. B
de 95 57 9
mais par les triangels de la Méridienne vérifiée 61° 39′ 1″ + lit. a
34 18 37 .. b
de . . . . 95 57 38 (fig. 1. a.)
avec une différence de 29″; qu'on cherche l'angle Villejuive Fontenai Brie en ôtant de l'angle Villejuive Fontenai Montlhery l'angle Brie Fontenai Montlhery et on le trouve par les triangles de la Commission . . 95° 57′ 9″ —
66 17 47 lit. C
de 29 39 22
mais par les triangels de la Méridienne vérifiée 95° 57′ 38″ —
66 17 40 lit. c
de 29 39 58
avec une différence de 36″; qu'on cherche l'angle Fontenai Villejuive Brie par les deux côtés Fontenai Villejuive, Fontenai Brie et l'angle renfermé à Fontenai; par les triangles de la Commission on le trouve de 141° 46′ 51″, mais par les triangles de la Méridienne vérifiée on le trouve de 141° 46′ 6″ avec une difference de 45″ *). Si pour trouver une longueur conforme à la distance de Montlhery à Brie qui est un coté du prémier triangle de la chaine entre Paris et Amiens, les opérations de la Commission doivent déjà s'écarter de 45″, de 36″, de 29″ de celles décrites dans la Méridienne vérifiée; à quoi Mrs. Cassini de Thury et de la Caille ne devoient-ils pas s'attendre, si la Commission avoit poursuivi la mesure de tous les triangles depuis le prémier et qu'elle eut voulu déterminer le coté du onzième triangle? Les adversaires de Picard n'ont prouvé aucune faute dans ses triangles, la Commission n'en a examiné aucun, malgré cela elle décide en faveur des adversaires de cet astronome; les propres opérations de la Commission prouvent, que celles des adversaires de Picard sont inexactes, malgré cela elle adjuge la préférence à leur mesure.

Tel est jugement, que la Commission a présenté au pied du Trône.

§. 6.

Si Mrs. de la Commission avoient voulu se donner la peine d'examiner le prémier triangle, dont la ligne Montlhery Brie est un coté et dont les trois points Montmartre Brie Montlhery sont visibles de l'Observatoire Royal de Paris, ils auroient trouvé, que non

*) Voyez les calculs.

non ſeulement ce premier triangle et conſéquemment les opérations faites en 1740 pour déterminer la distance de Paris à Amiens mais auſſi les perpendiculaires tirées à l'Ouest jusqu'à Brest et à l'Est jusqu'à Strasbourg et Vienne ſont fautives: ce premier triangle est commun aux quatre ſuites qui en partant de Paris ſont continuées jusqu'aux quatre extrémités du Royaume *), les triangles ſubſéquens doivent donc ſe reſſentir de ſes erreurs.

Paſſons à ſon examen: la poſition de l'Obſervatoire Royal de Paris et du clocher de Montmartre est fixée par les triangles Brie Montlhery Obſervatoire et Brie Montlhery Montmartre; (fig. 1. a.) le triangle Brie Montlhery Montmartre est le premier de la chaine dépuis Paris jusqu'à Dunkerke, dépuis Paris jusqu'à Perpignan, dépuis Paris jusqu'à Brest, dépuis Paris jusqu'à Strasbourg.

Brie . .	52°	59′	42″	pag. 45.	Brie	62°	2′	42″	pag. 41.
Montlhery	63	59	16		Montlhery .	65	30	31	
Obſervatoire	63	1	2		Montmartre .	52	26	47	

Montlhery Brie 13108⅓ toiſes.

Si les angles du 1er triangle, la longueur de ſes côtés et ſa poſition à l'égard de l'Obſervatoire Royal ſont exactes, il faut 1) que la ſomme des trois angles formés à l'Obſervatoire avec les trois objets Brie Montlhery Montmartre donne exactement 360°, que 2) la ligne tirée de l'Obſervatoire au clocher de Montmartre ſoit de la même longueur, quelles que ſoient les données que l'on emploie pour la trouver et que 3) la déclinaiſon de la ligne Montlhery Montmartre ſoit auſſi toujours la même.

En prenant le côté Montlhery Brie pour 13108⅓ toiſes conformément à la Méridienne vérifiée on trouve pour Brie Montmartre 15046,85; pour Brie Obſervatoire 13219,5; pour Montlhery Montmartre 14605,25 et pour Montlhery Obſervatoire 11746,81 **).

§. 7.

A préſent ſi l'on cherche 1) au moyen de Brie Montmartre et Brie Obſervatoire à l'aide de l'angle renfermé par ces deux côtés à Brie de 9° 3′, l'angle Brie Obſervatoire Montmartre, on le trouve de 124° 43′ 6″; en cherchant par les deux côtés Montlhery Montmartre, Montlhery Obſervatoire et l'angle à Montlhery renfermé par ces deux côtés de 1° 31′ 15″, l'angle Montlhery Obſervatoire Montmartre, on le trouve de 172° 15′ 48″; l'angle Brie Obſervatoire Montlhery est donné de 63° 1′ 2″; ajoutons ces trois angles:

	124°	43′	6″
	172	15	48
	63	1	2
et nous trouvons autour de l'horiſon à l'Obſervatoire	359	59	56;

aſſez d'accord avec ce que la théorie exige.

2) Si dans le triangle Brie Obſervatoire Montmartre, on cherche la longueur de la ligne Obſervatoire Montmartre, on la trouve de 2879,4; ſi l'on cherche la même ligne au moyen du triangle Montlhery Obſervatoire Montmartre, on la trouve auſſi de 2879,4 aſſez d'accord avec ſa longueur determinée dans la Méridienne vérifiée pag. 125. de 2879⅓ toiſes.

3) Dans le triangle Montlhery Obſervatoire Montmartre on trouve l'angle à Montmartre de 6° 12′ 57″, ſi l'on y ajoute la déclinaiſon de la ligne Obſervatoire Montmartre qu'on trouve dans la table de déclinaiſons pag. 272 Merid. vérifiée de 4° 14′ 42″, on a pour la déclinaiſon de la ligne Montlhery Montmartre 10° 27′ 39″ avec une différence ſeulement de 26″ de celle determinée dans la Méridienne verifiée.

Il ſemble ainſi que l'on peut ſe repoſer entierement ſur l'exactitude de ce triangle.

*) Rélation de deux Voyages faits en Allemagne par ordre du Roi par rapport à la Figure de la Terre, par rapport à la Géographie, par rapport à l'Astronomie par Mr. de Caſſini de Thury pag. 145.

**) On trouve tous les calculs à la fin ſous le Nr. du paragraphe auquel ils appartiennent.

§. 8.

Mais employons d'autres données pour trouver le nombre des dégrés autour de l'Observatoire, la longueur de la ligne Observatoire Montmartre, et la déclinaison de Montlhery Montmartre.

1) Si l'on ajoute les deux angles Montlhery Observatoire Fontenai et Fontenai Observatoire Montmartre, la somme donne l'angle Montlhery Observatoire Montmartre.

Montlhery Fontenai Brie . . .	66°	17′	40″	+ } pag. 124.
Brie Fontenai Montmartre . .	90	53	19	
Montlhery Fontenai Montmartre	157	10	59	—
Montmartre Fontenai Observatoire	17	41	30	(a)
Observatoire Fontenai Montlhery	139	29	29	+
Fontenai Montlhery Observatoire	10	24	20	(b)
	149	53	49	—
	179	59	60	
Montlhery Observatoire Fontenai	30	6	11	+
Fontenai Observatoire Montmartre	142	7	40	pag. 125.
Montlhery Observatoire Montmartre	172	13	51	. . . . . . 172° 13′ 51″

que l'on y ajoute l'angle Brie Observatoire Montmartre, que nous avons trouvé dans le paragraphe précédent de	124	43	6
et l'angle Brie Observatoire Montlhery (voyez §. 6.) de . . .	63	1	2
et nous aurons autour de l'horison à l'Observatoire	359	57	59

	Montmartre Fontenai Villejuive .	61°	13′	35″	— pag. 124.
	Villejuive Fontenai Observatoire	43	32	5	. . 125.
(a)	Montmartre Fontenai Observatoire	17	41	30	
	Fontenai Montlhery Brie . . .	74°	23′	36″	— } pag. 124.
	Brie Montlhery Observatoire .	63	59	16	
(b)	Fontenai Montlhery Observatoire	10	24	20	

Cherchons l'angle Montlhery Observatoire Montmartre d'une autre maniere:

Fontenai Montlhery Brie	74°	23′	36″	— } pag. 124.
Brie Montlhery Observatoire . .	63	59	16	
Fontenai Montlhery Observatoire .	10	24	20	+
Observatoire Fontenai Montlhery	139	29	43	(c)
	149	54	3	—
	179	59	60	
Montlhery Observatoire Fontenai	30	5	57	+
Fontenai Observatoire Montmartre	142	7	40	
Montlhery Observatoire Montmartre	172	13	37	. . . . . 172° 13′ 37″

Brie Observatoire Montmartre	124	43	6
Brie Observatoire Montlhery	63	1	2
et nous aurons autour autour de l'Observatoire	359	57	45

	Observatoire Fontenai Villejuive .	43°	32′	5″	pag. 125.
	Villejuive Fontenai Juvisy . . .	61	39	1	} pag. 124.
	Juvisy Fontenai Montlhery . . .	34	18	37	
(c)	Observatoire Fontenai Montlhery .	139	29	43	

2) Si

2) Si l'on ajoute à l'angle Montlhery Obſervatoire Montmartre de 172° 13′ 37″, l'angle Obſervatoire Montlhery Montmartre de 1° 31′ 15″ et qu'on ôte la ſomme de 180°, il reſte pour l'angle Obſervatoire Montmartre Montlhery 6° 15′ 8″; qu'on cherche à préſent au moyen de cet angle, de celui à Montlhery de 1° 31′ 15″ et du coté Montlhery Obſervatoire de 11746,8 toiſes la longueur de la ligne Obſervatoire Montmartre, on la trouve de 2862,71 toiſes avec une différence de 16,62 toiſes de celle déterminée dans la Méridienne vérifiée. Voilà deja 16 toiſes de différence tandis que nous nous trouvons à peine hors des barrieres de Paris et Mr. de la Caille aſſure qu'il ne doit pas y avoir dix toiſes d'erreur dans toute la distance de Paris à Amiens *). Si l'on cherche au moyen de l'angle Obſervatoire Montmartre Montlhery de 6° 15′ 8″, de celui à l'Obſervatoire de 172° 13′ 37″ et du côté Montlhery Obſervatoire la longueur de Montlhery Montmartre, on la trouve de 14588,4 avec une différence de près de 17 toiſes de celle déterminée dans la Meridienne vérifiée.

3) A l'égard de la déclinaiſon de la ligne Montlhery Montmartre il faut ajouter l'angle Obſervatoire Montmartre Montlhery 6° 15′ 8″ à la déclinaiſon de Montmartre Obſervatoire déterminée dans la Meridienne verifiée de 4° 14′ 42″ et l'on aura pour la déclinaiſon de Montlhery Montmartre 10° 29′ 50″ ainſi 2′ 37″ plus que d'après la Meridienne vérifiée.

§. 9.

Cherchons le nombre de dégrés autour de l'Obſervatoire d'une autre maniere:

1) Pour trouver l'angle Montlhery Obſervatoire Montmartre il faut ajouter à l'angle Montlhery Obſervatoire pyramide de Montmartre de . . 168° 1′ 47″ part. 3. p. XXII.
l'angle pyramide de Montmartre Obſervat: clocher de Montmartre de 4 14 30

et l'on a pour l'angle Montlhery Obſervatoire Montmartre . . 172 16 17

mais pour trouver l'angle pyramide de Montmartre Obſervatoire clocher de Montmartre il faut ôter de la déclinaiſon de la ligne Obſervatoire Montmartre qu'on trouve pag. 272. de . . . . 4° 14′ 42″
la déclinaiſon de la pyramide pag. LX. . . . . — — 12

alors il reſte pour l'angle pyramide de Montmartre Obſervatoire clocher de Montmartre 4 14 30

2) L'angle Brie Obſervatoire Montlhery est obſervé directement et ſe trouve pag. 124 de . . . . 63° 1′ 2″

3) On trouve l'angle Montmartre Obſervatoire Brie de la maniere ſuivante:

de l'angle Fontenai Montlhery Brie	74° 23′ 36	pag. 124.
il faut ôter l'angle Brie Montlhery Obſervatoire .	63 59 16	
et il reste pour l'angle Fontenai Montlhery Obſervatoire	10 24 20	

Ajoutons y l'angle Obſervatoire Fontenai Montlhery qui est formé par les trois angles

Obſervatoire Fonjenai Villejuive	43° 32′ 5″	pag. 125.	
Villejuive Fontenai Juviſy .	61 39 1	pag. 124.	
Juviſy Fontenai Montlhery .	34 18 37		
Obſervatoire Fontenai Montlhery .	139 29 43		139 29 43
la ſomme			149 54 3
doit être ôtée de 180°			179 59 60
pour avoir l'angle Montlhery Obſervatoire Fontenai de			30 5 57

ajoutons

*) Histoire de l'Académie 1755 ſur la préciſion des meſures géodéſiques faites pour déterminer la diſtance de Paris à Amiens par Mr. l'Abbé de la Caille.

ajoutons y l'angle Fontenai Obſervatoire Montmartre . . . 142° 7′ 40″ pag. 125.
et l'angle Montlhery Obſervatoire Brie de . . . . 63 1 2 pag. 124.
ſi la ſomme 235 14 39
est ôtée de 360° 359 59 60
il reste pour l'angle Montmartre Obſervatoire Brie . . 124 45 21

Si nous ajoutons à préſent les trois angles qui ſont le tour de l'horiſon à l'Obſervatoire c'est à dire celui ſub No. 1. de . . . . 172° 16′ 17″
No. 2. de 63 1 2
No. 3. de 124 45 21
nous trouvons 360 2 40

§. 10.

Nous avons ainſi trouvé autour de l'horiſon à l'Obſervatoire d'après le §. 7. No. 1. . . . . 359° 59 56″
d'après le §. 8. . . . . 359 57 45
d'après le §. 9. . . . . 360 2 40
la différence des deux dernieres est de 4′ 55″; donc la ſomme des angles au centre étant de 359° 57′ 45″ les angles du polygon ou du triangle Montlhery Montmartre Brie doivent avoir ſelon le §. 8. . . . . 180° 2′ 15″
la ſomme des angles au centre étant d'après le §. 9. de 360° 2′ 40″ les angles du triangle doivent avoir 179 57 20

Dans la troiſième partie de la Méridienne vérifiée pag. XXII. ſont marquées les obſervations faites à l'Obſervatoire Royal de Paris et l'on y voit que les distances au Zenith ſont les ſuivantes:

le clocher de Montmartre 89° 18 — *)
de Montlhery 89 52 —
de Brie . . 90 — 30″

Figurons-nous un plan horiſontal autour de l'Obſervatoire; nous voyons alors que de ces trois objets qui forment le premier triangle commun aux quatre ſaites, il n'y a aucun qui ſe trouve dans ce plan; le triangle Obſervatoire Brie Montlhery n'est pas dans le plan du triangle Obſervatoire Brie Montmartre, celui-ci ne ſe trouve pas dans le plan du triangle Obſervatoire Montmartre Montlhery et celui-ci n'est pas dans le plan du triangle Montlhery Brie Montmartre; ces quatre triangles ſe trouvent donc en quatre différens plans: prendre la longueur de leurs cotés, calculés d'après des angles obſervés en différens plans, pour celle qu'ils auront après la reduction au plan horiſontal de l'Obſervatoire, c'est prendre les hypoténuſes à la place des cathétes.

Si nous avons trouvé dans le § 7., que 1) la ſomme des dégrés autour de l'Obſervatoire est celle que la théorie exige, que 2) la distance de l'Obſervatoire à Montmartre quoique calculée de différentes manieres, est pourtant la même et que 3) la déclinaiſon de Montlhery Montmartre calculée ne différe pas beaucoup de celle déterminée dans la Méridienne vérifiée; ſi nous avons trouvé, dis-je, tout cela, c'est parceque 1) nous avons pris ces hypoténuſes à la place des cathétes ou plutot parceque nous avons ſuppoſé, que ces lignes étoient les véritables longueurs réduites et dans le même plan horiſontal, ou

*) Cette même distance au Zenith est auſſi annoncée dans le mémoire: des opérations géométriques que l'on emploie pour déterminer les distances ſur terre par Mr. Caſſini de Thury Histoire de l'Académie de 1736.

où est l'Obſervatoire, et parceque 2) nous avons emploié des angles qui ne ſont pas les véritables: ayant ôté l'angle Obſervatoire Brie Montlhery de l'angle Montmartre Brie Montlhery le reste n'est pas le véritable angle formé à Brie dans le plan du triangle Brie Obſervatoire Montmartre; de même l'angle Obſervatoire Montlhery Brie étant ôté de Montmartre Montlhery Brie le reste n'est pas le véritable angle formé à Montlhery dans le plan du triangle Montmartre Montlhery Obſervatoire.

§. 11.

Par l'examen que nous avons fait du prémier triangle d'après la poſition de l'Obſervatoire et du clocher de Montmartre, il est clair que, ſi l'on en fait la comparaiſon avec les autres données qu'on trouve dans la Méridienne vérifiée, les réſultats ne ſont nullement d'accord ni ſur l'ouverture des angles à l'Obſervatoire ni ſur la distance de de l'Obſervatoire à Montmartre ni ſur la déclinaiſon de Montmartre Montlhery; mais la poſition de l'Obſervatoire et du clocher de Montmartre est auſſi fixée par les triangles ci-joints, que l'on trouve pag. 124. et 125. de la Méridienne vérifiée:

A. pag. 124.		B. pag. 125.		C. pag. 125.	
Fontenai . .	61° 13′ 35″	Fontenai .	43° 32′ 5″	Fontenai .	17° 41′ 50″
Villejuive .	84 10 55	Villejuive .	67 0 20	Montmartre .	20 10 30
Montmartre .	34 35 30	Obſervatoire	69 21 35	Obſervatoire	142 7 40

Villejuive Fontenai 3318,42 toiſes. (Voyez le calcul appartenant au §. 5.)

Voyons donc, ſi cette poſition s'accorde mieux avec ce que la théorie exige.

Si l'on ajoute l'angle à l'Obſervatoire du triangle B à celui à l'Obſervatoire du triangle C et qu'on ôte leur ſomme de 360°, le reste 148° 30′ 45″ est l'angle Villejuive Obſervatoire Montmartre; ſi de l'angle à Villejuive du triangle A on ôte l'angle à Villejuive du triangle B, il reste pour l'angle Obſervatoire Villejuive Montmartre 17° 4′ 35″; la ſomme de ces deux restes étant ôtée de 180° il reste pour l'angle Obſervatoire Montmartre Villejuive 14° 24′ 40″; dans le triangle B le coté Fontenai Villejuive étant de 3318,42 toiſes on trouve pour Villejuive Obſervatoire 2442,46; au moyen de ce coté et des angles connus du triangle Obſervatoire Villejuive Montmartre on trouve pour le coté Obſervatoire Montmartre 2881,84 toiſes.

Nous avons ainſi les trois cotés du triangle Montlhery Obſervatoire Montmartre et les trois cotés du triangle Montmartre Obſervatoire Brie c'est-à-dire Montlhery Montmartre de 14605,25, Montlhery Obſervatoire de 11746,81, Obſervatoire Montmartre de 2881,84, Obſervatoire Brie de 13219,50 et Montmartre Brie de 15046,85 toiſes. (voyez le §. 6.) Par ces données nous trouvons pour l'angle Montlhery Obſervatoire Montmartre 171° 50′ 44″ et pour l'angle Montmartre Obſervatoire Brie 124° 40′ 27″; ſi l'on les reduit à l'horiſon de l'Obſervatoire on trouve pour le premier 171° 53′ 16″ et pour le ſecond 124° 40′ 42″; en y ajoutant encore l'angle réduit Brie Obſervatoire Montlhery de 63° 1′, on n'a autour de l'horiſon à l'Obſervatoire que 359° 34′ 58″.

C'est ainſi que Mrs. les Obſervateurs ont fixé la poſition des objets autour de l'Obſervatoire Royal; pourtant Mr. de la Caille aſſure qu'il leur a été impoſſible à decouvrir la moindre choſe qu'il ſe dément dans leurs opérations. *)

*) Hiſtoire de l'Académie de 1755 ſur la préciſion des meſures &c. par Mr. de la Caille.

§. 12.

Si le premier triangle n'a pas merité l'attention de la Commiſſion *qui devoit diſtinguer entre les différentes déterminations du dégré*, les autres n'auront pas été non plus un objet de ſes recherches; faiſons donc l'examen des autres triangles de la chaine: pour le faire d'une maniere méthodique, comptons auparavant les objets qui entrent dans la détermination du dégré de Paris, ce ſont

Iment les objets qui ſe trouvent dans les trois ſuites au nombre de ſeize ſavoir 1) Brie, 2) Montlhery, 3) clocher de Montmartre, 4) Montjai, 5) Dammartin, 6) St. Martin, 7) St. Chriſtophe, 8) Clermont, 9) Jonquieres, 10) Coyvrel, 11) Noyers, 12) Quiry, 13) Sourdon, 14) Arvillers, 15) Lihons, 16) Villersbrettonneux.

IIment Les trois objets qui ont ſervi pour lier la baſe aux triangles principaux c'est à dire Villejuive, Juviſy et Fontenai.

IIIment La pyramide de Montmartre qui a ſervi pour trouver la déclinaiſon des côtés des triangles.

Ainſi en tout vingt objets. Dixhuit de ces objets forment trente huit triangles comme dans la figure 2. Soient les lignes ab et cd qui ſe coupent, et les lignes ac et bd formant enſemble deux triangles; les angles e et f ſont égaux, par conſéquent a + c doit être égal à b + d. C'est la démonſtration de l'inexactitude de ces trente huit triangles ou de l inexacte poſition de ces dixhuit objets; Brie ne s'y trouve pas, mais il appartient au premier triangle dont l'inexactitude est deja prouvée; Noyers ne s'y trouve pas non plus à cauſe que des termes de comparaiſon y manquent.

a.

La ſomme des deux angles Lihons Villersbrettonneux Arvillers et Sourdon Lihons Villersbrettonneux devroit être égale à la ſomme des deux angles Lihons Sourdon Arvillers et Villersbrettonneux Arvillers Sourdon, mais la différence est de 36″. (fig. 1. b)

Lihons Villerbrettonneux Arvillers	40°	29′	46″	pag. 147. de la Méridienne vérifiée.
Sourdon Lihons Villersbrettonneux	40	50	8	
	81	19	54	
Lihons Sourdon Arvillers . . .	13°	40′	54″	(*a*)
Villersbrettonneux Arvillers Sourdon	67	38	24	pag. 147.
	81	19	18	

Villersbrettonneux Sourdon Arvillers	52°	—	44″	pag. 147.
Villersbrettonneux Sourdon Lihons .	38	19	50	
(*a*) Lihons Sourdon Arvillers . . .	13	40	54	

b.

La ſomme des deux angles Arvillers Villersbrettonneux Sourdon et Lihons Sourdon Villersbrettonneux devroit être égale à la ſomme des deux angles Sourdon Lihons Arvillers et Villersbrettonneux Arvillers Lihons, mais la différence est de 33″.

Arvillers

Arvillers Villersbrettonnenx Sourdon	60°	20'	49"	pag. 44.
Lihons Sourdon Villersbrettonneux	38	19	50	pag. 47.
	98	40	39	

Sourdon Lihons Arvillers . . .	20°	40	28"	(*a*)
Villersbrettonneux Arvillers Lihons	77	59	38	pag. 44.
	98	40	6	

	Villersbrettonneux Lihons Arvillers	61°	30'	36"	pag. 147.
	Sourdon Lihons Villersbrettonneux	40	50	8	
(*a*)	Sourdon Lihons Arvillers . .	20	40	28	

c.

La ſomme des deux angles Quiry Lihons Sourdon et Arvillers Sourdon Lihons dévroit être égale à la ſomme des deux angles Arvillers Quiry Lihons et Quiry Arvillers Sourdon, mais la différence est de 46".

Quiry Lihons Sourdon .	7°	10'	17"	(*b*)
Arvillers Sourdon Lihons	13	40	54	(*c*)
	20	51	11	

	Quiry Lihons Villersbrettonneux .	48°	—'	25"	pag. 148.
	Villersbrettonneux Lihons Sourdon	40	50	8	pag. 147.
(*b*)	Quiry Lihons Sourdon . .	7	10	17	

	Arvillers Sourdon Villersbrettonneux	52°	—'	44"	pag. 147.
	Villersbrettonneux Sourdon Lihons	38	19	50	
(*c*)	Arvillers Sourdon Lihons . .	13	40	54	

Arvillers Quiry Lihons	7°	55'	56"	(*d*)
Quiry Arvillers Sourdon	12	56	1	(*e*)
	20	51	57	

	Arvillers Quiry Villersbrettonneux	42°	13'	50"	pag. 148.
	Villersbrettonneux Quiry Lihons	34	17	54	
(*d*)	Arvillers Quiry Lihons	7	55	56	

	Quiry Arvillers Villersbrettonneux	80°	34'	25"	pag. 148.
	Villersbrettonneux Arvillers Sourdon	67	38	24	pag. 147.
(*e*)	Quiry Arvillers Sourdon . .	12	56	1	

d.

La ſomme des deux angles Clermont Jonquieres Coyvrel et St. Chriſtophe Coyvrel Jonquieres devroit être égale à la ſomme des deux angles Jonquieres Clermont St. Chriſtophe et Coyvrel St. Chriſtophe Clermont, mais la différence est de 15".

Clermont

Clermont Jonquieres Coyvrel . 58° 31′ 22″ pag. 142.
St. Chriſtophe Coyvrel Jonquieres 30 8 18 (a)
88 39 40

Clermont Coyvrel Jonquieres 62° 57′ 20″ } pag. 142.
St. Chriſtophe Coyvrel Clermont 32 49 2 }
(a) St. Chriſtophe Coyvrel Jonquieres 30 8 18

Jonquieres Clermont St. Chriſtophe . 49° 20′ 28″ } pag. 142.
Coyvrel St. Chriſtophe Clermont . 39 19 27 }
88 39 55

e.

La ſomme des deux angles St. Chriſtophe Coyvrel Clermont et Jonquieres Clermont Coyvrel devroit être égale à la ſomme des deux angles Clermont Jonquieres St. Chriſtophe et Jonquieres St. Chriſtophe Coyvrel, mais la différence est de 15″.

St. Chriſtophe Coyvrel Clermont . 32° 49′ 2″ } pag. 142.
Jonquieres Clermont Coyvrel . . 58 31 18 }
91 20 20

Clermont Jonquieres St. Chriſtophe 53° 6′ 22″ pag. 142
Jonquieres St. Chriſtophe Coyvrel . 38 13 43 (b)
91 20 5

Jonquieres St. Chriſtophe Clermont 77° 33′ 10″ } pag. 142.
Clermont St. Chriſtophe Coyvrel 39 19 27 }
(b) Jonquieres St. Chriſtophe Coyvrel 38 13 43

f.

La ſomme des deux angles St. Martin St. Chriſtophe Dammartin et Clermont Dammartin St. Chriſtophe devroit être égale à la ſomme des deux angles Dammartin Clermont St. Martin et St. Chriſtophe St. Martin Clermont, mais la différence est de 14″.

St. Martin St. Chriſtophe Dammartin . 62° 34′ 56″ pag. 136.
Clermont Dammartin St. Chriſtophe . 13 1 4 (c)
75 36 —

St. Martin Dammartin St. Chriſtophe 61° 2′ 38″ } pag. 136.
Clermont Dammartin St. Martin . 48 1 34 }
(c) Clermont Dammartin St. Chriſtophe 13 1 4

Dammartin Clermont St. Martin . . 37° 59′ 41″ } pag. 136.
St. Chriſtophe St. Martin Clermont . 37 36 33 }
75 36 14

g.

La ſomme des deux angles St. Martin St. Chriſtophe Clermont et Dammartin Clermont St. Chriſtophe devroit être égale à la ſomme des deux angles St. Chriſtophe St. Martin Dammartin et Clermont Dammartin St. Martin, mais la différence est de 14″.

St. Martin

St. Martin St. Chriſtophe Clermont . . . 87° 45′ 2″ pag. 136.
Dammartin Clermont St. Chriſtophe . . . 16 38 44 (a)
104 23 46

St. Martin Clermont St. Chriſtophe . . 54° 38′ 25 — } pag. 136.
St. Martin Clermont Dammartin . . . 37 59 41 }
(a) Dammartin Clermont St. Chriſtophe . 16 38 44

St. Chriſtophe St. Martin Dammartin . . 56° 22′ 26″ + } pag. 136.
Clermont Dammartin St. Martin . . . . . . 48 1 34 }
104 24 —

h.

La ſomme des deux angles Montjai St. Martin Dammartin et St. Chriſtophe Montjai St. Martin devroit être égale à la ſomme des deux angles St. Martin Dammartin St. Chriſtophe et Montjai St. Chriſtophe Dammartin, mais la différence est de 17″.

Montjai St. Martin Dammartin . . . . 29° 20′ 57″ pag. 136.
St. Chriſtophe Montjai St. Martin . . . 39 9 28 pag. 135.
68 30 25

St. Martin Dammartin St. Chriſtophe . 61° 2′ 38″ pag. 136.
Montjai St. Chriſtophe Dammartin . . 7 27 30 (b)
68 30 8

St. Martin St. Chriſtophe Dammartin . 62° 34′ 56″ — pag. 136.
St. Martin St. Chriſtophe Montjai . . 55 7 26 pag. 135.
(b) Montjai St. Chriſtophe Dammartin . . 7 27 30

i.

La ſomme des deux angles St. Martin St. Chriſtophe Montjai et St. Chriſtophe St. Martin Dammartin devroit être égale à la ſomme des deux angles Dammartin Montjai St. Chriſtophe et St. Martin Dammartin Montjai, mais la différence est de 17″

St. Martin St. Chriſtophe Montjai . . . 55° 7′ 26″ pag. 135.
St. Chriſtophe St. Martin Dammartin . 56 22 26 pag. 136.
111 29 52

Dammartin Montjai St. Chriſtophe . . 10° 59′ 8″ (c)
St. Martin Dammartin Montjai . . . 100 30 27 pag. 136.
111 29 35

Dammartin Montjai St. Martin . . . 50° 8′ 36″ — pag. 136.
St. Martin Montjai St. Chriſtophe . . 39 9 28 pag. 135.
(c) Dammartin Montjai St. Chriſtophe . 10 59 8

k.

La ſomme des deux angles Montjai St. Martin Montmartre et Dammartin Montmartre St. Martin devroit être égale à la ſomme des deux angles St. Martin Montjai Dammartin et Montmartre Dammartin Montjai, mais la différence est de 18″.

Montjai St. Martin Montmartre .	47°	23′	35″	3me triangle Ire Suite pag. 47.
Dammartin Montmartre St. Martin	52	20	5	4me tri: IIde Suite pag. 47.
	99	43	40	

St. Martin Montjai Dammartin	50°	8′	36″	pag. 136.
Montmartre Dammartin Montjai	49	34	46	3me tri: IIde Suite pag. 47.
	99	43	22	

l.

La somme des deux angles Montmartre Montjai St. Martin et Montjai Montmartre Dammartin devroit être égale à la somme des deux angles Montjai St. Martin Dammartin et Montmartre Dammartin St. Martin, mais la différence est de 11″.

Montmartre Montjai St. Martin . . .	49°	29′	35″	3me tri: Ire Suite pag. 41 et 49.
Montjai Montmartre Dammartin . .	30	47	—	3me tri: IIde Suite pag. 47.
	80	16	35	

Montjai St. Martin Dammartin . . .	29°	20′	57″	pag. 136.
Montmartre Dammartin St. Martin . .	50	55	49	IVme tri. IIde Suite pag. 47.
	80	16	46	

m.

La somme des deux angles Fontenai pyramide de Montmartre Observatoire et clocher de Montmartre Fontenai pyramide de Montmartre devroit être égale à la somme des deux angles Fontenai clocher de Montmartre Observatoire et pyramide de Montmartre Observatoire clocher de Montmartre, mais la différence est de 105″ (fig. 1 a)

Fontenai pyramide de Montmartre Observatoire	22°	14′	55″	pag. 125.
Clocher de Montmartre Fontenai pyramide de Montmartre	2	8	20	(a)
	24	23	15	

Pyramide de Montmartre Fontenai Observatoire	19°	50′	10″	pag. 125.
Clocher de Montmartre Fontenai Observatoire	17	41	50	
Clocher de Montmartre Fontenai pyram. de Montmartre	2	8	20	(a)

Fontenai clocher de Montmartre Observatoire	20°	10′	30″	pag. 125.
Pyramide de Montmartre Observatoire clocher de Montmartre	4	14	30	
	24	25	—	

n.

La somme des deux angles Fontenai Observatoire pyramide de Montmartre et clocher de Montmartre Fontenai Observatoire devroit être égale à la somme des deux angles Fontenai clocher de Montmartre pyramide de Montmartre et Observatoire pyramide de Montmartre clocher de Montmartre, mais la différence est de 105″.

Fontenai Observatoire pyramide de Montmartre .	137°	54′	55″	pag. 125.
Clocher de Montmartre Fontenai Observatoire .	17	41	50	
	155	36	45	

Fontenai

Fontenai clocher de Montmartre pyramide de Montmartre . . 80° 11′ 35″ (a)
Obſervatoire pyramide de Montmartre clocher de Montmartre 75 23 25 pag. 125.
155 35 —

Pyramide de Montmartre clocher de Montmartre Obſervatoire 100° 22′ 5″ — } pag.
Fontenai clocher de Montmartre Obſervatoire . . . . 20 10 30 } 125.
Fontenai clocher de Montmartre pyramide de Montmartre 80 11 35 (a)

o.

La ſomme des deux angles clocher de Montmartre Fontenai Villejuive et pyramide de Montmartre Villejuive Fontenai devroit être égale à la ſomme des deux angles Fontenai clocher de Montmartre pyramide de Montmartre et Villejuive pyramide de Montmartre clocher de Montmartre, mais la différence est de 95″.

Clocher de Montmartre Fontenai Villejuive . . 61° 13′ 35″ pag. 124.
Pyramide de Montmartre Villejuive Fontenai . . 81 59 55 pag. 125.
143 13 30

Fontenai clocher de Montmartre pyramide de Montmartre 80° 11′ 35″ (ci-devant lit. n.)
Villejuive pyramide de Montmartre clocher de Monmartre 63 — 20 (b)
143 11 55

Fontenai pyramide de Montmartre Villejuive . 34° 38′ — } pag. 125.
Obſervatoire pyramide de Montmartre Fontenai 22 14 55 }
Obſervatoire pyramide de Montmartre Villejuive 12 23 5 —
Obſervatoire pyram. de Montmartre clocher de Montmartre 75 23 25 p. 125.
Villejuive pyram. de Montmartre clocher de Montmartre 63 — 20 (b)

p.

La ſomme des deux angles clocher de Montmartre Obſervatoire Villejuive et pyramide de Montmartre Villejuive Obſervatoire devroit être égale à la ſomme des deux angles Villejuive pyramide de Montmartre clocher de Montmartre et Obſervatoire clocher de Montmartre pyramide de Montmartre, mais la différence est de 115″.

Clocher de Montmartre Obſervatoire Villejuive . 148° 30′ 45″ (c)
Pyramide de Montmartre Villejuive Obſervatoire 14 53 35 (d)
163 24 20

Fontenai Obſervatoire clocher de Montmartre 142° 7′ 40″ + } pag. 125.
Fontenai Obſervatoire Villejuive . . . . . 69 21 35 + }
211 29 15 —
359 59 60
148 30 45 (c)

Fontenai Villejuive pyramide de Montmartre 81° 59′ 55″ — } pag. 125.
Fontenai Villejuive Obſervatoire . . . . . 67 6 20 — }
Pyramide de Montmartre Villejuive Obſervatoire 14 53 35 (d)

Villejuive pyramide de Montmartre clocher de Montmartre 63° — 20″ voyez lit. o.
Obſervatoire clocher de Montmartre pyramide de Montmartre 100 22 5 pag. 125.
163 22 25

q.

La ſomme des deux angles Fontenai Montmartre Montlhery et Montmartre Fontenai Juviſy devroit être égale à la ſomme des deux angles Fontenai Juviſy Montlhery et Montmartre Montlhery Juviſy, mais la différence est de 24″.

Fontenai Montmartre Montlhery	13°	56′	7″	(a)
Montmartre Fontenai Juviſy	122	52	36	(b)
	136	48	43	

	Fontenai Montmartre Brie . .	66°	22′	51″ —	pag. 124.
	Brie Montmartre Montlhery . .	52	26	44	. . 135.
(a)	Fontenai Montmartre Montlhery	13	56	7	
	Montmartre Fontenai Villejuive	61°	13′	35″ +	pag. 124.
	Villejuive Fontenai Juviſy . .	61	39	1	
(b)	Montmartre Fontenai Juviſy .	122	52	36	

Fontenai Juviſy Montlhery	100°	41′	29″	pag. 124.
Montmartre Montlhery Juviſy . . .	36	6	50	(c)
	136	48	19	

	Fontenai Montlhery Juviſy . . .	44°	59′	54″ —	pag. 124.
	Fontenai Montlhery Montmartre .	8	53	4	(d)
(c)	Montmartre Montlhery Juviſy . .	36	6	50	
	Fontenai Montlhery Brie . . .	74°	23′	36″ —	pag. 124.
	Brie Montlhery Montmartre . .	65	30	32	. . 135.
	Fontenai Montlhery Montmartre .	8	53	4	(d)

r.

La ſomme des deux angles Montlhery Montmartre Obſervatoire et Fontenai Obſervatoire Montmartre devroit être égale à la ſomme des deux angles Obſervatoire Fontenai Montlhery et Fontenai Montlhery Montmartre, mais la différence est de 30″

Montlhery Montmartre Obſervatoire .	69	14′	23″	(e)
Fontenai Obſervatoire Montmartre .	142	7	40	pag. 125.
	148	22	3	

	Fontenai Montmartre Obſervatoire	20°	10′	30″ —	pag. 125.
	Montlhery Montmartre Fontenai .	13	56	7	(f)
(e)	Montlhery Montmartre Obſervatoire	6	14	23	
	Montlhery Montmartre Brie . .	52°	26′	44″ —	pag. 135.
	Brie Montmartre Fontenai . . .	66	22	51	pag. 124.
	Montlhery Montmartre Fontenai .	13	56	7	(f)

Obſer-

Obſervatoire Fontenai Montlhery . . 139° 29′ 29″ (a)
Fontenai Montlhery Montmartre . . 8 53 4 (b)
148 23 33

Brie Fontenai Montmartre . . . 90° 53′ 19″ +
Brie Fontenai Montlhery . . . 66 17 40 + pag. 124.
157 10 59 —
Montmartre Fontenai Obſervatoire 17 41 30 (c)
(a) Obſervatoire Fontenai Montlhery 139 29 29

Montmartre Fontenai Villejuive 61° 13′ 35″ — pag. 124.
Villejuive Fontenai Obſervatoire 43 32 5 pag. 125.
Montmartre Fontenai Obſervatoire 17 41 30 (c)

Fontenai Montlhery, Brie . . . 74° 23′ 36″ — pag. 124.
Brie Montlhery Montmartre . . 65 30 32 pag. 135.
(b) Fontenai Montlhery Montmartre 8 53 4

s.

La ſomme des deux angles Montlhery Obſervatoire Villejuive et Fontenai Villejuive Obſervatoire devroit être égale à la ſomme des deux angles Villejuive Fontenai Montlhery et Obſervatoire Montlhery Fontenai, mais la différence est 34″.

Montlhery Obſervatoire Villejuive . . 39° 15′ 4″ (d)
Fontenai Villejuive Obſervatoire . . 67 6 20 pag. 125.
106 21 24

Villejuive Obſervatoire Fontenai 69° 21′ 35″ — pag. 125.
Fontenai Obſervatoire Montlhery 30 6 31 (e)
(d) Montlhery Obſervatoire Villejuive 39 15 4

Montmartre Fontenai Brie . . . 90° 53′ 19″ — pag. 124.
Montmartre Fontenai Obſervatoire 17 41 50 pag. 125.
Obſervatoire Fontenai Brie . . . 73 11 29 +
(f) Fontenai Brie Obſervatoire . . . 13 40 58 +
86 52 27 —
179 59 60

Fontenai Obſervatoire Brie . . 93 7 33 —
Brie Obſervatoire Montlhery . . 63 1 2 pag. 124.
Fontenai Obſervatoire Montlhery 30 6 31 (e)

Obſervatoire Brie Montlhery 52° 59′ 42″ pag. 124.
Montlhery Brie Fontenai . 39 18 44 pag. 124.
Fontenai Brie Obſervatoire 13 40 58 (f)

Villejuive Fontenai Montlhery 95° 57′ 38″ (g) Villejuive Fontenai Juviſy 61° 39′ 1″
Obſervatoire Montlhery Fontenay 10 24 20 (h) Juviſy Fontenai Montlhery 34 18 37 p. 124
106 21 58 (g) Villejuive Fontenai Montlh: 95 57 38

Fontenai Montlhery Brie . 74° 23′ 36″ —
Brie Montlhery Obſervatoire 63 59 16 — pag. 124.
(h) Obſervatoire Montlhery Fontenai 10 24 20.

 t. La

t.

La ſomme des deux angles Obſervatoire Fontenai Juviſy et Fontenai Obſervatoire Montlhery devroit être égale à la ſomme des deux angles Juviſy Montlhery Obſervatoire et Fontenai Juviſy Montlhery, mais la différence est de 34″.

Obſervatoire Fontenai Juviſy .	105°	11′	6″	(*a*)
Fontenai Obſervatoire Montlhery	30	6	31	lit. s. ci-devant.
	135	17	37	

	Obſervatoire Fontenai Villejuive	43°	32′	5″ +	pag. 125.
	Villejuive Fontenai Juviſy . .	61	39	1	pag. 124.
(*a*)	Obſervatoire Fontenai Juviſy	105	11	6	

Juviſy Montlhery Obſervatoire .	34°	35′	34″	(*b*)
Fontenai Juviſy Montlhery . .	100	41	29	pag. 124.
	135	17	3	

	Juviſy Montlhery Fontenai .	44°	59′	54″ —	pag. 124.
	Fontenai Montlhery Obſervatoire	10	24	20	lit. s. ci-devant.
(*b*)	Juviſy Montlhery Obſervatoire	34	35	34	

Les trente huit triangles formés par dixhuit objets de la chaine entre Paris et Amiens ſont donc inexacts et la poſition de ces objets n'est pas la véritable.

§. 13.

Des triangles auſſi inexacts ne ſont formés que d'après des obſervations qui leur reſſemblent: paſſons au regitre des obſervations, lequel ſe trouve dans la 3me partie de la Meridienne vérifiée pour les examiner de même.

XXIIme Station.
Au clocher de Villersbrettonneux.

„ entre Lihons et Sourdon	100°	50′	—
après on trouve les obſervations ſuivantes:			
„ entre Lihons et Arvillers	40°	29′	42″
„ entre Arvillers et Sourdon	60	20	45 +
donc entre Lihons et Sourdon	100	50	27

XXXIme Station.
Au moulin de Jonquieres

„ entre le clocher de Dammartin et St. Martin .	36°	14′	31″ +
„ entre St. Martin et Clermont	44	30	32
donc entre Dammartin et Clermont	80	45	3
mais auparavant on a marqué:			
„ entre le clocher de Dammartin et Clermont .	80	44	46

XXXIIIme Station.
Au clocher de St. Martin du Tertre.

Il y a quatre contradictions dans les obſervations faites à cette ſtation: une de 38″ entre Montmartre et Montjai; une de 33″ entre Montjai et la pyramide de Montmartre, une de 25″ entre St. Chriſtophe et Montjai et une de 12″ entre Dammartin et Jonquieres:

„ entre Dammartin et le ſignal de Montjai . .	29°	20′	56″
„ . . . et le clocher de Montmartre . .	76	43	52

après

après on dit:

„entre le signal de Montjai et le clocher de Montmartre 47° 23′ 34″

On s'apperçoit de la contradiction si l'on écrit:

„entre Dammartin et le clocher de Montmartre 76° 43′ 52″ —
„ . . . et le signal de Montjai . 29 20 56

donc entre le clocher de Montmartre et le signal de Montjai 47 22 56 par conséquent 38″ de moins.

La seconde contradiction se trouve comme il suit:

„entre Dammartin et le signal de Montjai . . 29° 20′ 56″
„ . . . et le clocher de Montmartre —
„ . . . et la pyramide de Montmartre . 77 41 50

donc entre le signal de Montjai et la pyramide de Montmartre 48 20 54
mais après on trouve l'observation suivante:

„entre le signal de Montjai et le clocher de Montmartre
„ . . . . et la pyramide de Montmartre 48° 21′ 27″

la différence est de 33″.

La troisième contradiction est la suivante:

„entre Clermont et Dammartin . . . . 93° 58′ 49″
„ . . . et le moulin de Jonquieres —
„ . . . et St. Christophe 37 36 28

donc entre Dammartin et St. Christophe 56 22 21
si l'on y ajoute encore l'angle observé entre Dammartin et Montjai de 29 20 56 +

l'on a pour l'angle entre St. Christophe et Montjai 85 43 17
mais on trouve encore les observations suivantes:

„ entre St. Christophe et Dammartin
„ . . . . et le signal de Montjai . . 85° 42′ 52″

la différence est de 25″.

La dernière contradiction se trouve à l'angle entre Dammartin et Jonquieres:

„entre Clermont et Dammartin . . . . . . 93° 58′ 49″ —
„ . . . et le moulin de Jonquieres 31 30 42

donc entre Dammartin et le moulin de Jonquieres 62 28 7
mais après on trouve l'observation suivante:

„entre le moulin de Jonquieres et Dammartin . . 62° 28′ 19″

XXXVIIme Station.

Au clocher de la paroisse de Montmartre.

„entre Dammartin et Montjai . . . . 30° 46′ 58″
„ . . . et Brie 85 5 33
„entre Montjai et Brie 54 18 55

On s'apperçoit de la contradiction, si l'on écrit:

entre Dammartin et Brie . . . 85° 5′ 33″ —
. . . . et Montjai . 30 46 58

donc entre Brie et Montjai 54 18 35

L'on voit que l'angle Brie Montmartre Montjai ne peut pas avoir 54° 18′ 55″, si les deux autres observations sont exactes.

XLI

XLI Station.

Au clocher de St. Etienne de Brie-Comte-Robert.

	Angles reduits au centre.		
„ Entre Montlhery et l'Obſervatoire	52°	59′	39″
„ entre l'Obſervatoire et le milieu de la tour de Montjai	60	49	10
„ entre le clocher de Montmartre et le milieu de la tour de Montjai	51	45	48
„ entre Montlhery et Montmartre	62	2	37

La ſomme des deux prémières obſervations nous donne pour l'angle Montlhery Brie Montjai . . . . 113° 48′ 49″

La ſomme des deux dernières nous donne pour le même angle . . . 113 48 25

Si en conſéquence de ces obſervations l'on ôte de l'angle obſervé a Brie

entre Montmartre et Montlhery de	62°	2′	37″
celui entre Montlhery et l'Obſervatoire de	52	59	39
il reste alors pour l'angle Montmartre Brie Obſervatoire . . .	9	2	58
mais ſi l'on ôte de l'angle Obſervatoire Brie Montjai de	60°	49′	10″
l'angle Montjai Brie Montmartre de	51	45	48
alors il reſte pour l'angle Montmartre Brie Obſervatoire	9	3	22

La longueur du côté Obſervatoire Montmartre de 2879⅓ toiſes (pag. 125) doit augmenter ou diminuer à peu près de deux toiſes avec l'ouverture plus grande ou plus petite de cet angle ce qui peut cauſer une différence de 38 toiſes ſur la longueur du dégré.

Ces contradictions prouvent l'inattention des Mrs. les Obſervateurs et l'on en peut conclure avec raiſon que les autres obſervations, où les termes de comparaiſon manquent, ne ſont pas plus exactes; pourtant Mr. de la Caille demande, en quoi ſes opérations péchent, il préſente un déſi à ceux qui doutent de leur exactitude et répond ſur ſon honneur de leur préciſion; ſur l'examen d'un côté du Ier triangle huit Aſtronomes approuvent toutes les parties de cette meſure et en ſont le rapport au *Roi*, tandis qu'elle est ſautive d'un bout à l'autre, comme nous l'avons démontré.

§. 14.

Voyons encore les raiſons, par lesquelles Mr. de la Caille a tâché de juſtifier ſes opérations: *)

„Comment, dit-il, ces *trois ſuites très-différentes* parties d'une baſe de 5748 et „terminées à une autre de 5242 toiſes, toutes deux meſurées actuellement ont „pu donner chacune un accord parfait entre ces deux baſes?

mais ces trois ſuites ſont-elles véritablement *très-différentes?* qu'on obſerve les treize noms de la prémière ſuite et qu'on examine après la ſeconde, on n'y trouvera que deux objets ſavoir Dammartin et Jonquieres dont on n'a pas ſait mention dans la première; dans la troiſième on ne trouve uniquement que le ſeul point Quiry dont on n'a pas ſait mention dans les deux premières.

Ire Suite.

*) Hiſtoire de l'Académie de 1755. ſur la préciſion des opérations &c. par Mr. de la Caille.

Ire Suite.	*IIde Suite.*	*IIIme Suite.*
1 Brie.	1 Brie.	1 Brie.
2 Montlhery.	2 Montlhery.	2 Montlhery.
3 Montmartre.	3 Montmartre.	3 Montmartre.
4 Montjai.	4 Montjai.	4 Montjai.
5 St. Martin.	5 Dammartin. +	5 St. Martin.
6 St. Chriſtophe.	6 St. Martin.	6 St. Chriſtophe.
7 Clermont.	7 Clermont.	7 Clermont.
8 Coyvrel.	8 Moulin de Jonquieres. +	8 Moulin de Jonquieres.
9 Noyers.	9 Coyvrel.	9 Coyvrel.
10 Sourdon.	10 Noyers.	10 Noyers.
11 Arvillers.	11 Sourdon.	11 Moulin de Quiry. +
12 Villersbrettonneux.	12 Villersbrettonneux.	12 Villersbrettonneux.
13 Lihons.	13 Lihons.	13 Lihons.

On voit donc par là que ce, qu'on nomme *trois ſuites très-différentes*, n'est au fond que la poſition des trois points Dammartin, moulin de jonquieres et moulin de Quiry dont la première ſuite contenant treize points a été augmentée.

Si Mrs. les Obſervateurs qui pag. 40 Art. 2de de la Meridienne vérifiée ſe vantent d'avoir en réſerve par leurs opérations plus de vingt ſuites de triangles, avoient voulu prouver la juſteſſe de cette meſure par une conformité entre les réſultats de pluſieurs ſuites de triangles, leur ſeconde ſuite n'auroit dû rien avoir de commun avec la première que les deux points de Montlhery et de Brie du côté du Sud et Lihons et Villersbrettonneux du côté du Nord. Pourquoi donc de vingt ſuites de triangles, qu'on dit avoir en réſerve, n'en a-t-on joint aucune à la première, qui ſoit de cette nature pour vérifier de cette maniere la partie géodéſique de la meſure qu'on vouloit faire paſſer pour la plus exacte poſſible et qui n'étoit pas d'accord avec celle de Picard? Il étoit cependant très-facile à prévoir, que, ſi ces trois ſuites ſont formées en grande partie par les mêmes triangles, les parties de la Méridienne correſpondantes à chacun de ces triangles, doivent être auſſi d'une même longueur dans le réſultat de chaque ſuite, que les fautes des dits triangles reſtent ainſi toujours à couvert, qu'elles ſe communiquent aux triangles ſubſéquens et que de cette manière les réſultats de ces ſuites ne peuvent être fort différens. Ce n'est pas donc la poſition des trois objets Dammartin Jonquieres et Quiry qui prouve la juſteſſe de toute la chaine des triangles entre Paris et Amiens.

§. 15.

Eſſayons cependant quelques autres points pour ſavoir, s'ils ſont déterminés avec plus de préciſion que ceux, dont Mrs. les Obſervateurs ont formé leurs trois ſuites.

1) Prenons Fontenai Villejuive et dans la ville de Paris la principale égliſe c'est-à-dire le tourillon de notre Dame et l'Obſervatoire Royal; ces quatre points ſont determinés par les trois triangles ci-joints que l'on trouve pag. 125. de la Meridienne vérifiée.

A.				B.				C.			
Fontenai	47°	25′	5″	Fontenai	43°	32′	5″	Pyramide de Villejuive	15°	34′	15″
Pyramide de Villejuive	82	39	40	Pyramide de Villejuive	67	6	20	l'Obſervatoire . .	126	27	5
Tourillon de notre Dame	49	55	15	l'Obſervatoire . .	69	21	35	Tourillon de notre Dame	37	58	40

Fontenai Tourillon de notre — Dame 4301⅓ toiſes. Fontenai Obſervatoire 3267⅓ toiſes. (fig. 1. a.) Si l'on cherche au moyen de ces deux côtés Fontenai Tourillon et Fontenai Obſervatoire et à l'aide de l'angle renfermé par ces deux côtés à Fontenai l'angle Fontenai Obſervatoire tourillon de notre — Dame, on le trouve de . . 164° 7′ 18½″
que l'on y ajoute l'angle à l'Obſervatoire du triangle B de 69 21 35
comme auſſi l'angle à l'Obſervatoire du triangle C de 126 27 5
et l'on a autour de l'horiſon à l'Obſervatoire . . . . 359 55 58½.
par conſéquent plus que quatre minutes de moins que la théorie n'exige.

2) Prenons

2) Prenons hors' de Paris la cathedrale de Meaux et le moulin de Belleaſſiſe: en examinant la poſition de Meaux et de Belleaſſiſe l'on voit, que ces deux objets avec Dammartin St. Martin Montmartre et Brie forment autour de Montjai un hexagone irrégulier; (fig. 1. b.) cherchons le nombre des dégrés qui ſe trouvent au centre:

	°	′	″	
St. Martin Montjai Montmartre	49°	29′	38″	pag. 135.
Montmartre Montjai Brie	73	54	56	
Brie Montjai Belleaſſiſe	48	1	40	pag. 137.
Belleaſſiſe Montjai Meaux	71	59	50	
Meaux Montjai Dammartin	66	24	10	
Dammartin Monjai St. Martin	50	8	36	pag. 136.
on n'y trouve que	359	58	50	

Voyons auſſi les angles du polygone:

	°	′	″	
Montjai St. Martin Montmartre	47°	23′	32″	pag. 135.
Montjai St. Martin Dammartin	29	20	57	pag. 136.
Montjai Dammartin St. Martin	100	30	27	
Montjai Dammartin Meaux	57	42	30	pag. 137.
Montjai Meaux Dammartin	55	53	20	
Montjai Meaux Belleaſſiſe	41	14	20	
Montjai Belleaſſiſe Meaux	66	45	50	
Montjai Belleaſſiſe Brie	104	30	5	
Montjai Brie Belleaſſiſe	27	28	15	
Montjai Brie Montmartre	51	46	7	pag. 135.
Montjai Montmartre Brie	54	18	57	
Montjai Montmartre St. Martin	83	6	50	
	720	1	10	

ainſi 70″ de trop aux angles du polygone et au centre 70″ moins qu'il ne faut.

3) Prenons du côté de Villersbrettonneux le moulin de Lagni: en examinant la poſition de Lagni nous voyons qu'elle forme avec Quiry Villersbrettonneux et Lihons un quadrilatére; fig. 1. b.) cherchons les angles du contour de ce quadrilatére:

	°	′	″	
Villersbrettonneux Lihons Quiry	48°	—′	25″	pag. 148.
Quiry Lihons Coyvrel	30	24	47	
Coyvrel Lihons Lagni	50	16	40	pag. 149.
Lihons Lagni Villersbrettonneux	21	24	20	
Villersbrettonneux Lagni Quiry	36	40	50	
Lagni Quiry Lihons	41	14	50	
Lihons Quiry Villersbrettonneux	34	17	54	pag. 148.
Quiry Villersbrettonneux Lagni	67	46	35	pag. 149.
Lagni Villersbrettonneux Lihons	29	55	—	
	360	1	21	

De quel côté qu'on ſe tourne, dès qu'on trouve des termes de comparaiſon dans cette meſure, on y trouve auſſi des inexactitudes.

§. 16.

Voyons maintenant une autre raiſon alleguée par Mr. de la Caille:

„comment ces trois ſuites ont pu donner un accord parfait entre les deux baſes?

Pour vérifier les opérations on a pris pour principe de meſurer une ſeconde baſe et après avoir comparé la meſure actuelle de cette ſeconde baſe avec la longueur qui réſulte du calcul,

calcul, on en conclut que la chaine des triangles de même que la Méridienne est exacte, ſi le calcul donne la même longueur pour cette ſeconde baſe que la meſure actuelle.

Si par la meſure actuelle cette ſeconde baſe a été trouvée plus petite que par le calcul, on en conclut que la Méridienne est trop grande et on en conclut le contraire, ſi par la meſure actuelle la ſeconde baſe est trouvée plus grande que par le calcul. On a partagé dans ces cas là la différence en deux parties égales et on a diminué ou augmenté la Méridienne de cette quantité.

Cette maniere de vérifier les opérations est admiſe par Snellius, par Picard, par les Caſſini, par de Maupertuis, par Bouguer, par de la Condamine, par Caſſini de Thury et de la Caille, par Maire et Boscovich et par Liesganig *) ainſi par les plus habiles géométres qui jamais aient meſuré la Terre; ce principe mérite par conſéquent toute notre attention: car ſi par cette comparaiſon on peut connoître l' exactitude et l'inexactitude de la chaine des triangles et ſi après en avoir reconnu l'inexactitude, on y peut remedier et réduire par la methode expliquée ci-devant la Méridienne à la véritable longueur qu' elle doit avoir; alors quels que ſoient les triangles qui forment la chaine, peu importe, la longueur de la Méridienne ſera toujours la véritable; toutes nos démonstrations des inexactitudes dans les triangles ne prouvent rien contre la longueur du dégré et la distance de Paris à Amicus ſera bien determinée.

§. 17.

Il faut donc examiner, ſi la comparaiſon faite entre la longueur de la ſeconde baſe qu'on trouve par la meſure acutelle et celle qu'on trouve par le calcul, prouve infailliblement l'exactitude ou l'inexactitude de la chaine des triangles et de la Méridienne; ſi elle ne prouve ni l'une ni l'autre, la correction propoſée tombe d' elle même.

Il est incontestablement vrai que, ſi tout est exact, la longueur calculée ſera parfaitement d'accord avec la meſure actuelle de la ſeconde baſe; mais l'inverſe n'est pas également vraie: l'inexactitude des triangles principaux et l' inexactitude des opérations, par les quelles la ſeconde baſe est liée aux dits triangles, ſont deux choſes bien différentes et la concluſion est fauſſe, ſi de l'inexactitude de l'une on conclut l'inexactitude de l'autre; on peut dire la même choſe de l'exactitude de l'une et de l'exactitude de l'autre. Les fautes dans les opérations qui ſervent à lier la ſeconde baſe aux triangles principaux, changent le calcul par lequel on cherche la longueur de la ſeconde baſe; on trouve donc une autre longueur et différente de celle que l'on auroit trouvée, ſ'il n'y avoit pas eu des fautes dans ces opérations; ainſi la chaine des triangles les plus exacts paſſera pour inexacte, ſi les fautes dans les opérations faites pour lier enſemble la ſeconde baſe et les triangles principaux, ſont trouver par le calcul une autre longueur à cette ſeconde baſe que par la meſure actuelle; et au contraire la chaine la plus inexacte paſſera pour très-exacte, ſi les fautes dans les opérations faites à la ſeconde baſe, ſont trouver par le calcul à cette ſeconde baſe une longueur conforme à la meſure actuelle.

Mr. de la Condamine meſura une ſeconde baſe à l'extrémité méridionale de ſa meſure près de l' Equateur; par la meſure effective il trouva cette baſe plus courte que par le calcul; il fut tenté d'attribuer cette différence à un changement dans la longueur de la toiſe

*) Diſſertatio de magnitudine Terrae P. van Muſchenbrock. Meſure de la Terre par Mr. Picard. De la grandeur et figure de la Terre par Mr. J. Caſſini. Elemens de Geographie par Mr. de Maupertuis art. XI. Figure de la Terre par Mr. Bouguer Sect. 11. Nr. 77. Meſure des trois premiers dégrés du Méridien dans l'hemiſphére austral par Mr. de la Condamine. La Méridienne vérifiée par Mr. Caſſini de Thury. Voyage astronomique par les P. P. Maire et Boscovich Liv. 11. Nr. 19. Dimenſio graduum Meridiani Vienenſis à P. Liesganig Nr. 161.

toiſe de fer, laquelle pouvoit avoir été cauſée par un excés de chaleur dans la Vallée de Tarqui ſur celle dans la Vallée de Yarouqui, où la première baſe avoit été meſurée; mais il changea d'avis et aima mieux examiner, ſi toute erreur d'obſervation, qui feroit trouver trop long le dernier còté conclu des triangles de la Méridienne, devoit auſſi néceſſairement faire trouver trop longue la Méridienne calculée; il y appliqua la théorie de Mr. Cotes de aeſtimatione errorum in mixtà matheſi et quoiqu'il ne trouvat pas que la longueur de la Méridienne fût abſolument fausſe, ſi un còté du dernier triangle ne s'accordoit pas avec la ſeconde baſe; il en conclut pourtant, que d'après la plus grande probabilité, qui fait presque une certitude morale, la même cauſe qui par le calcul donnoit trop de longueur à la ſeconde baſe, avoit auſſi donné trop de longueur à la Méridienne, car, dit-il:

„il n'est pas à préſumer, que l'excès trouvé par le calcul ſur la meſure actu„elle de la baſe de Tarqui provienne de ſeules erreurs commiſes dans l'obſer„vation des angles du dernier triangle ou même dans l'obſervation des angles „des ſeuls triangles qui précédent immediatement le dernier. *)„

Prenons le quadrilatére O A C P de Mr de la Condamine, fig. 3 la ſeconde baſe C O en est la diagonale; ajoutons les angles partagés tels qu'ils ſe trouvent dans la VIIIme colonne:

Triangle				
Triangle XXXII	POC	78°	32′	18″
32	COA	16	37	38
31	OAP	5	59	54
XXXI	PAC	72	51	—
32	ACO	84	31	28
XXXII	OCP	6	12	31
XXXI	CPA	16	25	1
31	APO	78	51	1
		360	—	51

Ajoutons auſſi les angles non-partagés du même quadrilatére:

Triangle				
Triangle 31	AOP	95°	9′	5″
32	OAC	78	50	54
XXXI	PCA	90	43	59
XXXII	CPO	95	15	11
		359	59	9

Les angles de ce quadrilatére ſont donc tout à fait inexacts; le calcul fondé ſur des angles qui ne ſont pas les véritables, ne doit-il attribuer à la diagonale de ce quadrilatére, laquelle est la ſeconde baſe, une autre longueur que la véritable? La comparaiſon du calcul avec la meſure actuelle de la baſe, au moyen de laquelle Mr. de la Condamine a cru pouvoir découvrir l'inexactitude de toute la chaîne des triangles, n'a pas même ſervi à lui faire découvrir l'inexactitude de ces deux triangles dont cette même ſeconde baſe est un còté.

§. 18.

Il ſe peut auſſi qu'il n'y a aucune erreur ni dans les angles des triangles principaux ni dans les angles par lesquels les triangles principaux ſont liés à la ſeconde baſe et que

*) Meſure des trois premiers dégrés du Méridien dans l'hemiſphére austral par Mr. de la Condamine Art. XXIV.

que malgré cela la longueur de la Méridienne n'est pas la véritable; les bases peuvent être situées dans un autre plan que les triangles principaux: supposons un nombre d'objets fort élevés, liés ensemble par une chaine de triangles et à chaque extrémité une base sur un terrain beaucoup plus bas; supposons aussi que la reduction à l'horison soit negligée; non obstant cela le calcul de la longueur que la seconde base doit avoir, s'accordera parfaitement avec la mesure actuelle. Supposons ces objets moins élevés de la moitié et encore la reduction omise, le calcul sera encore d'accord avec la mesure actuelle de la seconde base. Faisons la réduction à l'horison comme il faut et le calcul sera ausfi d'accord avec la mesure actuelle de la seconde base.

Ce n'est pas donc l'accord entre le calcul et la mesure actuelle de la seconde base qui peut nous assurer de l'exactitude de nos opérations.

Si la comparaison du calcul avec la mesure actuelle ne prouve pas, que la réduction est negligée, elle ne prouvera pas non plus, que cette réduction est mal faite. Examinons dans cette vuë les triangles à la seconde base de Mr. de la Condamine: qu'on réduise à l'horison les trois angles du 31me triangle PAO et on trouvera à l'angle P un minus de 2′ 1″ à l'angle A un plus de 1′ 55″ et à l'angle O un plus de 6″; qu'on réduise à l'horison les trois angles de son 32me triangle AOC, on trouvera à l'angle A un plus de 2′ 12″, à l'angle O un minus de 1′ 39″ et a l'angle C un minus de 33″ mais de tout cela Mr. de la Condamine n'a rien découvert au moyen de sa seconde base.

L'on voit donc, que la comparaison faite entre le calcul et la mesure actuelle de la seconde base ne prouve absolument rien à l'égard de l'exactitude ou l'inexactitude de la chaine des triangles principaux et de la véritable longueur de la Méridienne. L'argument de Mr. de la Caille qui s'appuie sur ce principe, est par conséquent de nulle valeur. Ce faux principe sous une apparence éblouissante est celui, sur lequel sont fondées toutes les corrections que l'on a faites aux Méridiennes: d'après ce principe on a aggrandi la Méridienne entre Perpignan et Rodès, celle entre Rodès et Bourges, entre Bourges et Paris, entre Paris et Amiens et diminué celle entre Amiens et Dunkerke ainsi que celle près de l'Equateur.

§. 19.

De toutes les raisons, à l'aide desquelles Mr. de la Caille a cru pouvoir assurer l'exactitude des opérations faites entre Paris et Amiens, il n'y en a aucune de valable. Si donc le dégré de Paris comparé avec celui sous le Cercle polaire et avec celui que l'on a mesuré près de l'Equateur, ne donne pas le même applatissement à la figure de la Terre que les deux derniers comparés entre eux, on n'a aucune raison d'en conclure une dissimilitude des Méridiens.

Feu Mr. Cassini de Thury a fait des représentations à la Societé Royale des Sciences de Londres sur l'avantage qui resulteroit de la jonction des deux Observatoires de celui de Gréenwich et de celui de Paris; la Societé Royale s'est prétée à ses instances et on a deja mesuré en Angleterre la base destinée aux opérations à faire depuis Gréenwich jusqu'à Douvres. Philosoph. Transact. Vol. LXXV) Il est à souhaiter, qu'on fasse de nouvelles opérations depuis Paris jusqu'à Calais, parceque celles depuis Paris jusqu'à Amiens qui en font partie, sont inexactes.

Calculs

Calculs appartenants.

Au §. 5.

D'après les triangles de la Commission.

Villejuive Juvisy 5716 toises 5 pieds 10 pouces.

9.9997002 log. sin. 87° 52′ 17″
3.7571661 log. $5716\frac{70}{72}$ toises.
13.7568663
9.9437658 log. sin. 61° 28′ 4″
3.8131005 log. 6502,8 toises Fontenai Juvisy.

9.9923454 log. sin. 79° 16′ 27″ compl. 100° 43′ 33″
3.8131005 log. 6502,8
13.8054459
9.8478831 log. sin. 44° 47′ 22″
3.9575628 log. 9069,07 Fontenai Montlhery

9.9836883 log. sin. 74° 23′ 41″
3.9575628 log. 9069,07
13.9412511
9.8017472 log. sin. 39° 18′ 32″
4.1395039 log. 13788,08 Fontenai Brie.

9.9617234 log. sin. 66° 17′ 47″
3.9575628 log. 9069,07
13.9192862
9.8017472 log. sin. 39° 18′ 32″
4.1175390 log. 13108,07 Montlhery Brie.

9.7075318 log. sin. 30° 39′ 39′
3.7571661 log. $5716\frac{70}{72}$
13.4646979
9.9437658 log. sin. 61° 28′ 4″
3.5209321 log. 3318,42 Villejuive Fontenai.

Fontenai Brie	13788,08
Fontenai Villejuive	3318,42
	17106,50 somme
	10469,66 différence

	°	′	″	
Villejuive Fontenai Juvisy	61	28	4	+
Juvisy Fontenai Montlhery	34	29	5	
	95	57	9	−
Brie Fontenai Montlhery	66	17	47	
Brie Fontenai Villejuive	29	39	22	−
	179	59	60	
	150	20	38	
2)	75	10	19	

10.5771880 log. tang. 75° 10′ 19″
4.0199326 log. 10469,66
14.5971206
4.2331612 log. 17106,50
10.3639594 log. tang. 66° 36′ 32″ +
75 10 19
Fontenai Villejuive Brie 141 46 51

D'après la Méridienne vérifiée.

Montlhery Brie 13108,32 toises.

9.9836854 log. sin. 74° 23′ 36″
4.1175470 log. 13108,32
14.1012324
9.9617170 log. sin. 66° 17′ 40″
4.1395154 log. 13788,13 Fontenai Brie.

9.8017780 log. sin. 39° 18′ 44″
4.1175470 log. 13108,32
13.9193250
9.9617170
3.9576080 log. 9070,14 Fontenai Montlhery

9.849-

9.8494723 log. ſin. 44° 59′ 54″
3.9576080 log. 9070,14
13.8070803
9.9923947 l. ſ. 79° 18′ 31″ compl. de 100° 41′ 29″
3.8146856 log. 6526,57 Fontenai Juviſy.

Fontenai Brie 13788,13
Fontenai Villejuive 3318,42
17106,55 ſomme
10469,71 différence

9.7059296 log. ſin. 30° 32′ 9″
3.8146856 log. 6526,57
13.5206152
9.9996838 log. ſin. 87° 48′ 50″
3.5209314 log. 3318,42 Fontenai Villejuive.

Villejuive Fontenai Juviſy	61°	39′	1″	
Juviſy Fontenai Montlhery	34	18	37	+
	95	57	38	—
Brie Fontenai Montlhery	66	17	40	
Brie Fontenai Villejuive	29	39	58	—
	179	59	60	
	150	20	2	
2)	75	10	1	

10.5770350 log. tang. 75° 10′ 1″
4.0199347 log. 10469,71
14.5969697
4.2331624 log. 17106,55
10.3638073 log. tang. 66° 36′ 5
75 10 1 +
Fontenai Villejuive Brie 141 46 6

Au §. 6.

9.9590526 log. ſin. 65° 30′ 31″
4.1175475 log. 13108⅓
14.0766001
9.8991545 log. ſin. 52° 26′ 47″
4.1774456 log. 15046,85 Brie Montmartre

9.9461161 log. ſin. 62° 2′ 42″
4.1175475 log. 13108⅓
14.0636636
9.8991545 log. ſin. 52° 26′ 47″
4.1645091 log. 14605,25 Montlhery Montmart.

9.9536149 log. ſin. 63° 59′ 16″
4.1175475 log. 13108⅓
14.0711624
9.9499473 log. ſin. 63° 1′ 2″
4.1212151 log. 13219,50 Brie Obſervatoire

9.9023200 log. ſin. 52° 59′ 42″
4.1175475 log. 13108⅓
14.0198675
9.9499473 log. ſin. 63° 1′ 2″
4.0699202 log. 11746,81 Montlhery Obſervat.

Au §. 7.

Nro. 1.

Brie Montmarte 15046,8
Brie Obſervatoire 13219,5
28266,3 ſomme
1827,3 différence

Montmartre Brie Montlhery	62°	2′	42″	—
Obſervatoire Brie Montlhery	52	59	42	—
Montmartre Brie Obſervatoire	9	3	—	—
	179	60	—	—
	170	57	—	
2)	85	28	30	

58°

85° 28′ 30″ —
39 14 36
46 13 54 Brie Montmartre Obfervatoire

11.1015998 log. tang. 85° 28′ 30″
3.2618099 log. 1827,3
14.3634097
4.4512690 log. 28266,3
9.9121407 log. tang. 39° 14′ 36″ +
85 28 30
Montmartre Obfervatoire Brie 124 43 6

Montlhery Montmartre 14605,2
Montlhery Obfervatoire 11746,8
26352,- fomme
2858,4 différence

Montmartre Montlhery Brie 65° 30′ 31″ —
Obfervatoire Montlhery Brie 63 59 16
Montmartre Montlhery Obfervatoire 1 31 15 —
179 59 60
178 28 45
2) 89 14 22½

89° 14′ 22½
83 1 25½
6 12 57 Montlhery Montmartre Obfervatoire

11.8770460 log. tang. 89° 14′ 22½
3.4561230 log. 2858,4
15.3331690
4.4208136 log. 26352
10.9123554 log. tang. 83° 1′ 25½ +
89 14 22½
Montlhery Obfervatoire Montmartre 172 15 48

Nro. 2.

9.1967186 log. fin. 9° 3′. —
4.1212151 log. 13219,5
13.3179337
9.8586229 log. fin. 46° 13′ 54″
3.4593108 log. 2879,4 Montm. Obfervatoire.

8.4239080 log. fin. 1° 31′ 15″
4.0699202 log. 11746,8
12.4938282
9.0345245 log. fin. 6° 12′ 57″
3.4593037 log. 2879,4 Montm. Obfervatoire.

Au §. 8.

8.4239080 log. fin. 1° 31′ 15″
4.0699202 log. 11746,8
12.4938282
9.0370495 log. fin. 6° 15′ 8″
3.4567787 log. 2862,71 Montm. Obferv.

9.1311370 log. fin. 7° 46′ 23″ compl. de 172° 13′ 37″
4.0699202 log. 11746,8
13.2010572
9.0370495 log. fin. 6° 15′ 8″
4.1640077 log. 14588,40 Montlhery Montmartre.

Au §. 11.

9.8380894 log. fin. 43° 32′ 5″
3.5209314 log. 3318,42 Fontenai Villejuive.
13.3590208
9.9711886 log. fin. 69° 21′ 35″
3.3878322 log. 2442,46 Villejuive Obfervat.

9.4678247 log. fin. 17° 4′ 35″
3.3878322 log. 2442,46
12.8556569
9.3959860 log. fin. 14° 24′ 40″
3.4596709 log. 2881,84 Obfervat. Montmartre.

Mont-

Montlhery Montmartre 14605,25

14605,25
8879,17
5726,08
2) 2863,04

3.4568274 log. 2863,04
10. log. fin. tot.
13.4568274
3.4596709 log. 2881,84
9.9971565 log. 83° 27′ 2½″

Montlhery Obfervatoire . 11746,81
Montmartre Obfervatoire 2881,84
8864,97 différence
14628,65 fomme

3.9476772 log. 8864,97
4.1652043 log. 14628,65.
8.1128815
4.1645091 log. 14605,25
3.9483724 log. 8879,17

8879,17
2863,04
11742,21

4.0697498 log. 11742,21
10 log. fin. tot.
14.0697498
4.0699202 log. 11746,81
9.9998296 log. fin. 88° 23′ 41⅔″

83° 27′ 2½ +
88 23 41⅔
171 50 44 Montlhery Obfervatoire Montmartre

Montmartre Brie 15046,85

15046,85
11062,12
3984,73
2) 1992,36

3.2993678 log. 1992,36
10. log. fin. tot.
13.2993678
3.4596709 log. 2881,84
9.8396969 log. fin. 43° 44′ 13″

Obfervatoire Brie . 13219,50
Montmartre Obfervatoire 2881,84
16101,34 fomme
10337,66 différence

4.2068620 log. 16101,34
4.0144222 log. 10337,66
8.2212842
4.1774456 log. 15046,85
4.0438386 log. 11062,12

11062,12
1992,36
13054,48

4.1157595 log. 13054,48
10. log. fin. tot.
14.1157595
4.1212151 log. 13219,50
9.9945444 log. fin. 80° 56′ 14″

171° 50′ 44″
89 18 —
89 52 —
351 — 44
175 30 22
89 18 — . 324
86 12 22 . 9.9990471
89 52 — . . . 12
85 38 22 . 9.9987410
19.9978217
9.9989108 log. fin. 85° 56′ 38″
2

Montlhery Obfervat. Montmartr. 171 53 16
reduit à l'horifon de l'Obfervatoire.

43° 44′ 13″ +
80 56 14
124 40 27
Montm: Obfervat: Brie

124° 40 27″
89 18 —
90 — 30
303 58 57
151 59 28½
89 18 — . . . 324
62 41 28½ . 9.9486804
90 — 30 . . . 56
61 58 58½ . 9.9458660
19.8945844
9 9472922 log. fin. 62° 20′ 21″
2

Montmartre Obfervatoire Brie 124 40 42
reduit à l'horifon de l'Obfervatoire.

Au §. 15.

Fontenai Tourillon de notre Dame	4301⅓	toises
Fontenai Observatoire . .	3267⅓	
	7568⅔	somme
	1034	différence

47°	25′	5
43	32	5
3	53	—
179	60	—
2) 176	7	—
88	3	30

11.4697817 log. tang. 88° 3′ 30″
3.0145205 log. 1034
14.4843022
3.8790194 log. 7568⅔
10.6052828 log. tang. 76° 3′ 48½ +
88 3 30

Fontenai Observatoire Tourillon de notre Dame 164 7 18½

Au §. 18.

79°	16′	6′	P du 31me triangle au Perou.
101	36	50	
88	56	12	
269	49	8	
134	54	34	
101	36	50	. . 89838
33	17	44	. 9.7395391
88	56	12	. . . 749
45	58	22	. 9.8567347

2) 19.6053325
9.8026662 log. sin. 39° 24′ 30″
2
78° 49′ —

6°	9′	39″	A du 31me triangle au Perou.
91	9	10	
92	25	44	
189	44	33	
94	52	16½	
91	9	10	. . . 879
3	43	6½	8.8119370
92	25	44	3904
2	26	32½	8.6295556

17.4419709
8.7209854 log. sin. 3° —′ 54″
2
6 1 48

78°	41′	10″	A du 32me triangle au Perou.
92	25	44	
96	34	40	
267	41	34	
133	50	47	
92	25	44	. . 3904
41	25	3	. 9.8205567
96	34	40	. 28683
37	16	7	. 9.7821517

19.6059671
9.8029835 log. sin. 39° 26′ 33″
2
78 53 6

16°	42′	1″	O du 32me triangle au Perou.
87	39	30	
89	32	20	
193	53	51	
96	56	55½	
87	39	30	. . 3628
9	17	25½	9.2080077
89	32	20	141
7	24	35½	9.1104761

18.3188607
9.1594303 log. sin. 8° 17′ 59½″
2
16 35 59

84°

84° 36′ 49″ C du 32me triangle au Perou.

90	32	30		
83	26	49		
258	36	8		
129	18	4		
90	32	30	. .	194
38	45	34	.	9.7966104
83	26	49	.	28468
45	51	15	.	9.8558639
				19.6553405
				9.8276702 log. sin. 42° 15′ 27½″
				2
				84 30 55

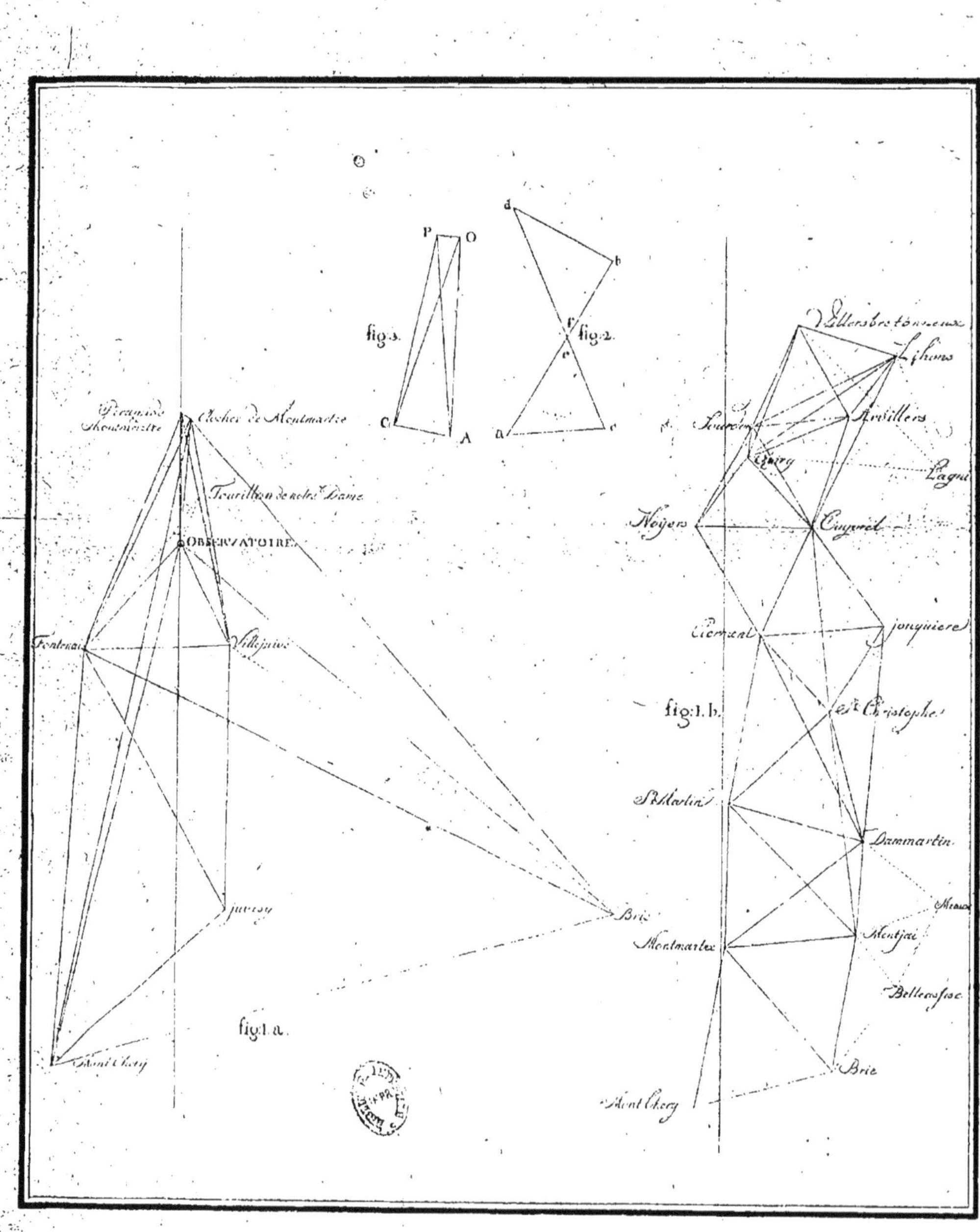

P
O
fig.3.
C
A
d
b
f
fig.2.
e
a
c
Clocher de Montmartre
Tourillon de notre Dame
OBSERVATOIRE
Fontenai
Villejuive
juvisy
Brie
fig.1.a.
Mont Chery
Villersbretonneux
Lihons
Arvillers
Lagni
Noyers
Clermont
jonquiere
St. Christophe
fig.1.b.
St Martin
Dammartin
Meaux
Montjai
Montmartre
Belleassise
Brie
Mont Chery

www.ingramcontent.com/pod-product-compliance
Ingram Content Group UK Ltd.
Pitfield, Milton Keynes, MK11 3LW, UK
UKHW022159190726
13855UKWH00004B/1545

9 782013 587204